河南省南水北调配套工程技术标准

河南省南水北调配套工程运行管理预算定额（试行）

主编单位：河南省南水北调中线工程建设管理局
　　　　　河南省水利科学研究院
批准单位：河南省水利厅
施行日期：2021 年 2 月 1 日

U0235844

黄 河 水 利 出 版 社
·郑 州·

图书在版编目(CIP)数据

河南省南水北调配套工程运行管理预算定额：试行/
河南省南水北调中线工程建设管理局，河南省水利科学研
究院主编. —郑州：黄河水利出版社，2021. 8
ISBN 978-7-5509-3068-1

Ⅰ. ①河… Ⅱ. ①河… ②河… Ⅲ. ①南水北调–水
利工程–运行–管理–预算定额–河南 Ⅳ. ①TV68

中国版本图书馆 CIP 数据核字(2021)第 162649 号

出 版 社：黄河水利出版社　　　　　　　　　　　网址：www.yrcp.com
　　　　　地址：河南省郑州市顺河路黄委会综合楼 14 层　　邮政编码：450003
发行单位：黄河水利出版社
　　　　　发行部电话：0371-66026940、66020550、66028024、66022620(传真)
　　　　　E-mail：hhslcbs@ 126. com
承印单位：河南瑞之光印刷股份有限公司
开本：787 mm×1 092 mm　　1/16
印张：3.75
字数：87 千字
版次：2021 年 8 月第 1 版　　　　　　　　　　　印次：2021 年 8 月第 1 次印刷

定价：59.00 元

河南省水利厅文件

豫水调〔2021〕1号

河南省水利厅关于印发《河南省南水北调配套工程运行管理预算定额(试行)》的通知

各有关省辖市、省直管县(市)水利局、南水北调办公室(工程运行保障中心),厅属有关单位:

为进一步加强我省南水北调配套工程运行费用管理,提高资金使用效率,结合工程实际,我厅组织编制了《河南省南水北调配套工程运行管理预算定额(试行)》(以下简称《定额》),并经厅长办公会议研究通过,现印发给你们。

本《定额》自2021年2月1日起施行。在执行过程中如有问题,请及时函告省水利厅南水北调工程管理处。

2021 年 1 月 28 日

前　言

2014 年 12 月 12 日,南水北调中线工程正式通水,河南省南水北调配套工程同步通水。2016 年,河南省 39 条输水线路全部具备通水条件,实现了 11 个省辖市和 2 个直管县(市)供水目标全覆盖。《河南省南水北调配套工程运行管理预算定额(试行)》对提高南水北调配套工程管理效率和管理水平,科学、规范配置工程运行管理所需各种资源,保障工程安全、高效、经济运行十分必要,是河南省南水北调配套工程运行管理年度预算编制的主要依据。

本标准参照《标准化工作导则　第 1 部分:标准化文件的结构和起草规则》(GB/T 1.1—2020)起草。

本标准批准单位:河南省水利厅

本标准编写单位:河南省南水北调中线工程建设管理局、河南省水利科学研究院

本标准协编单位:河南科光工程建设监理有限公司、河南省水利第二工程局

本标准主编:王国栋

本标准副主编:雷淮平、余洋、雷存伟、秦鸿飞、邹根中、徐秋达、杨秋贵

本标准执行主编:余洋、秦鸿飞、邹根中、徐秋达、杨秋贵

本标准主要编写人员:李秀灵、徐秋达、魏玉春、张冰、刘晓英、崔洪涛、秦水朝、杜新亮、李伟亭、高文君、王鹏、庄春意、齐浩、李忠芳、王庆庆、葛爽、周延卫、雷应国、王雪萍、李光阳、李春阳、周彦平、赵向峰、李秋月、艾东凤、石真瑞、吕勤勤、秦晓莹、赵孟伟、伍方正、张世雷、李良琦、王军豫、彭志兵、张风彩、丁华丽

目　录

1　范　围

　　本标准适用于河南省南水北调配套工程,是编制河南省南水北调配套工程运行管理年度预算的主要依据,河南省其他类似工程运行管理年度预算编制可参照执行。

2 引用文件

下列文件中的内容通过文中的规范性引用而对本标准的应用是必不可少的。其中,注日期的引用文件,仅该日期对应的版本适用于本标准;不注日期的引用文件,其最新版本(包括所有的修改单)适用于本标准。

1 《南水北调工程供用水管理条例》(2014 年 2 月 16 日中华人民共和国国务院令第 647 号发布);

2 《城市供水条例》(1994 年 7 月 19 日中华人民共和国国务院令第 158 号发布,2018 年 3 月 19 日修正);

3 《河南省南水北调配套工程供用水和设施保护管理办法》(河南省人民政府令第 176 号);

4 《水利工程管理单位定岗标准(试点)》(水办〔2004〕307 号);

5 《村镇供水站定岗标准》(水农〔2004〕223 号);

6 《北京市南水北调配套工程维修养护与运行管理预算定额》(2015 年 9 月);

7 《省级 2017—2019 年财政规划编制手册》(河南省财政厅 2016 年 5 月);

8 《河南统计年鉴 2019》;

9 《河南省人民政府办公厅关于印发〈河南省省级会议费管理办法〉的通知》(豫政办〔2016〕169 号);

10 《河南省人民政府关于印发河南省城镇企业职工基本养老保险省级统筹实施意见的通知》(豫政〔2007〕63 号);

11 《河南省财政厅 河南省机关事务管理局关于印发〈河南省省直机关办公用房物业费管理办法(暂行)〉的通知》(豫财行〔2015〕214 号);

12 《国务院办公厅关于政府向社会力量购买服务的指导意见》(2013 年 9 月 26 日国办发〔2013〕96 号);

13 《河南省人民政府办公厅关于推进政府向社会力量购买服务工作的实施意见》(2014 年 12 月 2 日豫政办〔2014〕168 号发布);

14 《泵站技术管理规程》(GB/T 30948—2014);

15 《城镇供水管网运行、维护及安全技术规程》(CJJ 207—2013);

16 《城镇供水水量计量仪表的配备和管理通则》(CJ/T 454—2014);

17 《河南省南水北调受水区供水配套工程泵站管理规程》(豫调办建〔2018〕19 号);

18 《河南省南水北调受水区供水配套工程重力流输水线路管理规程》(豫调办建〔2018〕19 号);

19 《河南省南水北调受水区供水配套工程巡视检查管理办法(试行)》(豫调办建〔2016〕2 号);

20 河南省南水北调受水区供水配套工程设计文件;

21　其他国家、行业、河南省涉及南水北调配套工程相关法规、政策等。

3 术语和定义

下列术语和定义适用于本标准。

3.0.1 人员预算定额

一定时期内河南省南水北调配套工程各级管理单位的人工成本或其他参与管理的企业人工成本,即人员职工薪酬与管理费用之和。职工薪酬为人员工资与单位应交"五险一金"之和。

3.0.2 办公相关预算定额

一定时期内河南省南水北调配套工程各级管理单位为组织和开展工程管理活动而发生的各项年费用,包括水费、电费(包含采暖和降温用电)、物业管理费(办公用房)、办公费、印刷费、差旅费、办公设备购置费、会议费和劳动保护费。

3.0.3 车辆运行预算定额

一定时期内河南省南水北调配套工程各级管理单位为组织和开展工程管理活动用车而发生的车辆年费用,包括租赁费(不含自有车辆)、维修养护费(不含租赁车辆)、油耗、杂费(包括过路费、停车费、保险费等)。

3.0.4 水质监测预算定额

一定时期内河南省南水北调配套工程按照规定的取样地点、取样频次和监测项目取样数量,送到有资质的监测单位化验的年费用,不包括取样、送样费用。

3.0.5 燃料动力预算定额

一定时期内河南省南水北调配套工程供水过程中所消耗的生产用燃料和动力费用,包括水泵、闸阀及配套的电器、辅助设施耗电年费用和自动化、通信设备耗电年费用。

3.0.6 人员配置标准

与河南省南水北调配套工程功能、任务、管理定位相协调,以实施管养分离、建立良性运行机制为目标,因地制宜,确定一定时期内配备的运行管理人员岗位、数量上限,包括管理层人员、作业层人员和其他人员(安保人员、司机、食堂人员等)。

3.0.7 调流调压阀站点

是指 PCCP 等输水管线中设有调流调压阀的现地管理房,以及配有电气、自动化设施及管理设施的调流调压阀井,是重力流输水线路控制运行的关键,承担向供水目标安全分水的重任。

4 总 则

4.0.1 本标准遵循国家、河南省现行法规政策，依据行业规范标准、相关定额、河南省有关规定和实际运行管理资料，结合河南省南水北调配套工程特点，按照社会平均水平、简明适用、坚持统一性和因地制宜的原则进行编制。

4.0.2 本标准包括人员预算定额、办公相关预算定额、车辆运行预算定额、水质监测预算定额、燃料动力预算定额和人员配置标准。

4.0.3 本标准未含专项维修养护费、应急抢险费、备品备件费、防汛等抢险抢修设备物资购置与运维费、仪表检定费、进地补偿费、临时设施费、中介服务费等，上述费用需另行按专项考虑预算。

4.0.4 针对河南省南水北调配套工程公益性管理需求的实际，以实施管养分离、建立良性运行机制为目标，遵循国家、河南省、有关省辖市现行法规政策和技术标准，坚持全面考虑、统筹兼顾，既考虑现状，又考虑发展；按照"因事设岗、以岗定责、以工作量定员、一人多岗"的原则，编制人员配置标准，尽量达到管理结构最优、人员组合最佳、岗位设置最少。

4.0.5 人员配置标准暂不涉及配套工程管理单位定岗定编，配套工程运行管理岗位划分为单位负责、行政管理、技术管理、财务与资产管理、党群监察、运行、观测、巡查等八个类别。根据配套工程特点，按照泵站、PCCP 等输水管线两类工程类型进行设岗定员；对于管理多座泵站、PCCP 等输水管线等工程的管理单位，其单位负责、行政管理、技术管理、财务与资产管理等四类管理层岗位定员总数，按单个工程上述四类岗位定员总数最大值为基数，乘以调整系数确定，调整系数为1.0～1.3。运行类、观测类、巡查类三类作业层岗位定员按各个工程分别确定后相加。配套工程管理单位岗位定员总和为管理层和作业层岗位定员之和。党群监察人员国家有最新要求的应从其规定配置。

4.0.6 本标准编制基准年为 2019 年。施行过程中可根据国家、河南省有关政策和管理体制的调整，对相关费用进行调整。

5 人员预算定额

运行管理人员分为管理层人员、作业层人员和其他人员。其他人员包括安全保卫人员、司机、厨师及食堂工作人员。

5.1 购买社会服务人员预算定额

5.1.1 考虑购买社会服务人员的技术要求和管理等级,省级南水北调配套工程管理机构、泵站工程的管理层人员和作业层人员工资预算定额见表5.1。PCCP 等输水管线工程按表5.1 定额的 0.8~0.9 倍执行。

表 5.1 购买社会服务人员管理层人员和作业层人员工资预算定额　　单位:元/月

序号	项目	计提比例	管理层人员		作业层人员	
			含住房公积金	不含住房公积金	含住房公积金	不含住房公积金
	管理成本合计		8 465	7 817	5 980	5 523
1	职工薪酬		7 665	7 078	5 415	5 001
1.1	职工工资		4 885	4 885	3 451	3 451
1.2	养老保险	16%	781.60	781.60	552.19	552.19
1.3	工伤保险	0.7%	34.20	34.20	24.16	24.16
1.4	医疗保险	8%	390.80	390.80	276.09	276.09
1.5	生育保险	1%	48.85	48.85	34.51	34.51
1.6	失业保险	0.7%	34.20	34.20	24.16	24.16
1.7	住房公积金	12%	586.20	0.00	414.14	0.00
1.8	职工教育经费	2.5%	122.13	122.13	86.28	86.28
1.9	工会经费	2%	97.70	97.70	69.02	69.02
1.10	职工福利费	14%	683.90	683.90	483.16	483.16
2	其他费用		800	739	565	522
2.1	企业管理费	2%	153.29	141.57	108.30	100.01
2.2	企业利润	1%	78.18	72.20	55.23	51.01
2.3	税金	7.2%	568.51	525.03	401.65	370.93

注:企业利润 =(职工薪酬+企业管理费)×1%;税金 =(职工薪酬+企业管理费+企业利润)×7.2%。

5.1.2 其他人员

其他人员工资预算定额标准见表5.2。

表 5.2 购买社会服务人员 (其他人员) 工资预算定额 单位:元/月

序号	项目	计提比例	司机 职工食堂厨师		安保人员 职工食堂其他人员	
			含住房公积金	不含住房 公积金	含住房公积金	不含住房 公积金
	管理成本合计		5 801	5 358	3 572	3 299
1	职工薪酬		5 253	4 851	3 235	2 987
1.1	职工工资		3 348	3 348	2 062	2 062
1.2	养老保险	16%	535.68	535.68	329.87	329.87
1.3	工伤保险	0.7%	23.44	23.44	14.43	14.43
1.4	医疗保险	8%	267.84	267.84	164.93	164.93
1.5	生育保险	1%	33.48	33.48	20.62	20.62
1.6	失业保险	0.7%	23.44	23.44	14.43	14.43
1.7	住房公积金	12%	401.76	0	247.40	0
1.8	职工教育经费	2.5%	83.70	83.70	51.54	51.54
1.9	工会经费	2%	66.96	66.96	41.23	41.23
1.10	职工福利费	14%	468.72	468.72	288.63	288.63
2	其他费用		548	506	338	312
2.1	企业管理费	2%	105.06	97.03	64.70	59.75
2.2	企业利润	1%	53.58	49.48	32.99	30.47
2.3	税金	7.2%	389.64	359.84	239.94	221.59

5.2 地区差别调整系数

考虑到全省各地市的工资差别,各地市的人员工资预算按照表5.1、表5.2 中的各类人员工资预算定额乘以相应的地区差别调整系数。地区差别调整系数见表5.3。

表 5.3 地区差别调整系数

序号	地区	调整系数
1	郑州	1.10
2	平顶山	1.00
3	安阳	1.00
4	鹤壁	1.00
5	新乡	1.00

续表 5.3

序号	地区	调整系数
6	焦作	1.00
7	濮阳	1.00
8	许昌	1.00
9	漯河	1.00
10	南阳	1.00
11	周口	1.00
12	邓州	1.00
13	滑县	1.00

6 办公相关预算定额

6.1 物业管理预算定额

物业管理费按照建筑面积进行分级,物业管理预算定额见表6.1。

表6.1 物业管理预算定额

等级	一级	二级	分级标准
定额 [元/(年·m²)]	44.16	34.92	非集中管理办公楼、生产用房,一级标准条件为总建筑面积1万 m²(含)至3万 m²;二级标准为总建筑面积1万 m²以下

其他物业管理费相关预算定额见表6.2。

表6.2 其他物业管理相关预算定额

费用项目	级别	定额	备注
会议服务	一级	0.45 元/(半天·m²)	按会议室使用面积计
	二级	0.30 元/(半天·m²)	
电梯运行维护	A(大)包	1 500~1 900 元/(月·梯)	按台梯,乙方负责免费供应所有零配件
	B(中)包	1 100~1 300 元/(月·梯)	按台梯,乙方负责免费供应1 000 元(含)以下零配件
	C(小)包	700~900 元/(月·梯)	按台梯,乙方负责免费供应50元(含)以下零配件
绿化养护服务	一级	2.35 元/(月·m²)	按绿地面积计,不含绿植摆租
	二级	2.15 元/(月·m²)	

6.2 其他办公相关预算定额

其他办公相关预算定额见表6.3,管理单位可根据实际需求进行调整。

表 6.3　其他办公相关预算定额

序号	项目名称	单位	定额
1	水费	元/(人·年)	170
2	电费(包含采暖和降温用电)	元/(人·年)	1 368
3	办公费	元/(人·年)	1 151
4	印刷费	元/(人·年)	300
5	差旅费	元/(人·年)	1 000
6	办公设备购置费(仅管理层人员)	元/(人·年)	1 552
7	会议费	元/(人·年)	800
8	劳动保护费(仅作业层人员)	元/(人·年)	1 163

说明:执行过程中,表中项目如采用购买社会服务方式,应根据合同对相关内容进行调整,避免重复计列。

7　车辆运行预算定额

7.1　自有车辆

自有车辆运行预算定额为 4.5 万元/(辆·年)。

7.2　租赁车辆

租赁车辆运行预算定额见表 7.1。

表 7.1　租赁车辆运行预算定额

序号	项目	单位	定额	说明
1	租赁费	元/(辆·日)	皮卡:150 越野车:180 厢式运输车:180 防汛用车:200	根据实际租赁车辆套用相应标准
2	汽油费	元/100 km	工程运维、巡查车:60~90	随油料价格变动调整
3	杂费	元/(辆·月)	200	包括过路费、停车费等

注:若按月租赁,在表 7.1 租赁费的基础上乘 0.8 系数;若按年租赁,在表 7.1 租赁费基础上乘 0.7 系数。

8 水质监测预算定额

结合工程实际,采取人工取样送检方式,水质监测预算定额见表8.1。其他项目费用宜参照水利部编制的《水质监测业务经费定额标准(试行)》。

表8.1 水质监测预算定额 单位:元/次

序号	水质参数	分析方法	单次监测样品预(前)处理费	试剂消耗费
1	水温	温度计法		0
2	pH值	电极法		15
3	溶解氧(DO)	现场测定		20
4	氨氮	比色法	40	58
5	高锰酸盐指数	容量法	40	63
6	化学需氧量	容量法	40	64
7	生化需氧量(五日)	容量法	30	120
8	总磷	比色法	40	74
9	铜	ICP法	40	200
10	氰化物	离子色谱法	40	100
11	总氮	比色法	40	74
12	锌	ICP法	40	200
13	硒	原子荧光法	40	120
14	小计		390	1 108
15	合计			1 498
16	检测报告费用(15)×15%			224.7
17	管理费(15)×30%			449.4
	单次监测费用合计(15)+(16)+(17)			2 172.1

注:温度项目由取样单位进行测量,不再计取费用。

9 燃料动力预算定额

燃料动力预算定额见表9.1。

表9.1 燃料动力预算定额

序号	省辖市（直管县、市）	定额（元/万 m³）
1	邓州市	13.997 7
2	南阳市	207.670 2
3	漯河市	12.736 4
4	周口市	4.441 9
5	平顶山市	181.098 8
6	许昌市	55.060 9
7	郑州市	418.074 7
8	焦作市	53.602 9
9	新乡市	15.608 8
10	鹤壁市	369.524 7
11	濮阳市	3.373 2
12	安阳市	0.719 1
13	滑县	0.593 8

注:本标准为万立方米供水量耗电的综合费用,包括泵站和输水线路现场作业层人员办公耗电费用。编制预算时应扣除相应办公相关预算定额中的电费。

10　人员配置标准

10.1　泵站工程

10.1.1　岗位设置

参考水利部发布的《水利工程管理单位定岗标准(试点)》中有关泵站工程岗位设置,结合城市供水工程对南水北调水量、水质和工程安全供水的高要求,配套工程泵站设 7 类 37 个工作岗位,其中管理层 25 个,作业层 12 个。岗位类别及名称详见表 10.1。

表 10.1　泵站工程管理单位岗位类别及名称

岗位类别		序号	岗位名称
管理层	单位负责类	1	单位负责岗位
		2	技术总负责岗位
		3	财务与资产总负责岗位
	行政管理类	4	行政事务负责与管理岗位
		5	文秘与档案管理岗位
		6	人事劳动教育管理岗位
		7	安全生产管理岗位
	技术管理类	8	工程技术管理负责岗位
		9	计划与统计岗位
		10	应急抢险管理岗位
		11	调度管理岗位
		12	机械设备技术管理岗位
		13	电气设备技术管理岗位
		14	信息及自动化系统技术管理岗位
		15	水工建筑物技术管理岗位
		16	水量、水质观测管理岗位
		17	工程安全监测管理岗位
	财务与资产管理类	18	财务与资产管理负责岗位
		19	财务与资产管理岗位
		20	物资管理岗位
		21	会计与水费管理岗位
		22	出纳岗位
		23	审计岗位
	党群监察类	24	党群监察负责岗位
		25	党群监察岗位

续表 10.1

岗位类别		序号	岗位名称
作业层	运行类	26	运行负责岗位
		27	主机组及辅助设备运行岗位
		28	电气设备运行岗位
		29	高压变电系统运行岗位
		30	水工建筑物作业岗位
		31	闸门、启闭机及拦污清污设备运行岗位
		32	监控系统运行岗位
		33	通信设备运行岗位
	观测类	34	水量计量岗位
		35	水工建筑物安全监测岗位
		36	机械、电气设备安全监测岗位
		37	水质监测岗位

注:表中党群监察人员国家有最新要求的应从其规定配置。

10.1.2　岗位定员

1　定员级别

泵站工程定员级别按表 10.2 的规定确定,统一管理多座泵站的工程管理单位的定员级别划分按总装机容量核定。

表 10.2　泵站工程定员级别划分

定员级别	装机容量(kW)
1 级	≥30 000
2 级	<30 000,≥10 000
3 级	<10 000,≥5 000
4 级	<5 000,≥2 000
5 级	<2 000,≥1 000
小型	<1 000,≥100

泵站机组规模和装机台数是运行类岗位中主机组及辅助设备运行岗位定员的重要依据。泵站大中型机组规模划分按表 10.3 的条件确定,当水泵机组的叶轮(进口)直径和单机容量与规定的条件不一致时,取高值确定机组规模。

表 10.3　泵站大中型机组规模条件

机组规模			大型	中型
单台条件	轴流泵或混流泵机组	水泵叶轮(进口)直径(mm)	≥1 540	<1 540,≥1 000
		单机容量(kW)	≥800	<800,≥500
	离心泵机组	水泵叶轮(进口)直径(mm)	≥800	<800,≥500
		单机容量(kW)	≥600	<600,≥280

2 岗位定员

管理单位岗位定员总和为管理层和作业层岗位定员之和,其中单位负责、行政管理、技术管理、财务与资产管理、党群监察等类管理层岗位定员数量按照表10.4确定,运行、观测等类作业层岗位定员数量按照表10.5确定。

管理单位管理层岗位定员,主要是在水利部定员标准的基础上,考虑南水北调配套工程运行时间长、供水保证率高、工程地处城市外部条件复杂等特点,对技术管理类人员进行了调整,其他人员维持水利部标准不变。具体工程管理岗位定员,按表10.4确定的人员幅度按直线内插法或外延法计算,并考虑工程实际情况确定。

表 10.4　泵站工程管理层岗位定员　　　　　　　　　　单位:人

岗位类别	岗位名称	定员级别					
		1级	2级	3级	4级	5级	小型
单位负责类	单位负责岗位	3~4	2~3	1~2	1	1	1
	技术总负责岗位						
	财务与资产总负责岗位						
行政管理类	行政事务负责与管理岗位	6~9	3~6	2~3	1~2	1	1
	文秘与档案管理岗位						
	人事劳动教育管理岗位						
	安全生产管理岗位						
技术管理类	工程技术管理负责岗位	18~22	14~18	12~14	10~12	8~10	6~8
	计划与统计岗位						
	应急抢险管理岗位						
	调度管理岗位						
	机械设备技术管理岗位						
	电气设备技术管理岗位						
	信息及自动化系统技术管理岗位						
	水工建筑物技术管理岗位						
	水量、水质观测管理岗位						
	工程安全监测管理岗位						
财务与资产管理类	财务与资产管理负责岗位	6~7	5~6	4~5	2~4	2	2
	财务与资产管理岗位						
	物资管理岗位						
	会计与水费管理岗位						
	出纳岗位						
	审计岗位						
党群监察类	党群监察负责岗位	3	2~3	1~2	他岗人员兼任		
	党群监察岗位						

注:表中党群监察人员国家有最新要求的应从其规定配置。

多座泵站的工程管理单位,运行类岗位定员按独立站的级别分别计算后累加,年运行时间不足2 500 h的,按一日三班定员;年运行时间超过2 500 h不足6 700 h的泵站,按一日四班制定员;年运行时间超过6 700 h(考虑停水期间1/2的人上岗,考虑了115日法定节假日和平均 7 日的年休假)的泵站,四班三运转工作方式尚不符合《中华人民共和国劳动法》的要求,管理单位应根据实际超出的工作时间,本着经济、合理、安全的原则,采用现有人员加班或增加人员调休的方式定员,调休人员应按不高于 1∶8 的比例安排。

观测类岗位按一日一班制定员,对于多座泵站的泵房间距大于 4 km 的,观测类岗位定员按独立泵站的级别分别计算后累加。

作业层岗位定员与水利部标准一致。

表 10.5　泵站工程作业层岗位定员　　　　　　　　　　单位:人

岗位类别	岗位名称	定员级别						备注
		1 级	2 级	3 级	4 级	5 级	小型	
运行类	运行负责岗位	2~3	1~2	他岗人员兼任				一日一班
	主机组及辅助设备运行岗位	2 台机组及以下,大型 2 人,中小型 1 人;3 台机组及以上,大型 2+(N−2)/4 人,中小型 1+(N−2)/6 人;N 为机组台数						一日三~四班
	电气设备运行岗位	2~3	1	泵房运行人员兼任				一日三~四班
	高压变电系统运行岗位	2	2	2		1		一日三~四班
	水工建筑物作业岗位	1~2	泵房运行人员兼任					一日一班
	闸门、启闭机及拦污清污设备运行岗位	2	1	泵房运行人员兼任				一日三~四班
	监控系统运行岗位	2	1	泵房运行人员兼任				无监控系统的泵站不设岗位,一日三~四班
	通信设备运行岗位	2~3	泵房运行人员兼任					无独立通信系统的泵站不定员;多座或多级泵站,此岗位定员不累加;但每增加一台交换机,增 2 名值班人员;一日一班
观测类	水量计量岗位	1	泵房运行人员兼任					不需水量计量或实现自动化的,不设岗位;一日一班
	水工建筑物安全监测岗位	1~2	1	泵房运行人员兼任				一日一班
	机械、电气设备安全监测岗位	1	1	泵房运行人员兼任				一日一班
	水质监测岗位	2~3	1	泵房运行人员兼任				不需水质监测的,不设岗位;一日一班

注:表中数据为每班人员。

10.2 PCCP 等输水管线

10.2.1 岗位设置

参考水利部发布的《水利工程管理单位定岗标准(试点)》中有关岗位设置及类似工程如南水北调中线干线工程、北京市南水北调配套工程岗位设置情况,结合城市供水工程对南水北调水量、水质和工程安全供水的高要求,河南省南水北调配套 PCCP 等输水管线工程设 8 类 36 个工作岗位,其中管理层 25 个,作业层 11 个。岗位类别及名称详见表 10.6。

表 10.6 PCCP 等输水管线工程管理单位岗位类别及名称

岗位类别		序号	岗位名称
管理层	单位负责类	1	单位负责岗位
		2	技术总负责岗位
		3	财务与资产总负责岗位
	行政管理类	4	行政事务负责与管理岗位
		5	文秘与档案管理岗位
		6	人事劳动教育管理岗位
		7	安全生产管理岗位
	技术管理类	8	工程技术管理负责岗位
		9	水工建筑物技术管理岗位
		10	信息及自动化系统技术管理岗位
		11	调度管理岗位
		12	机械设备技术管理岗位
		13	电气设备技术管理岗位
		14	应急抢险管理岗位
		15	计划与统计岗位
		16	水量、水质观测管理岗位
		17	工程安全监测管理岗位
	财务与资产管理类	18	财务与资产管理负责岗位
		19	财务与资产管理岗位
		20	物资管理岗位
		21	会计与水费管理岗位
		22	出纳岗位
		23	审计岗位
	党群监察类	24	党群监察负责岗位
		25	党群监察岗位

续表 10.6

岗位类别		序号	岗位名称
作业层	运行类	26	运行负责岗位
		27	电气设备运行岗位
		28	高压变电系统运行岗位
		29	监控系统运行岗位
		30	机械设备运行岗位
		31	通信设备运行岗位
		32	建筑物现地控制岗位
	观测类	33	水量计量岗位
		34	安全监测岗位
		35	水质监测岗位
	巡查类	36	工程巡查岗位

注:表中党群监察人员国家有最新要求的应从其规定配置。

10.2.2　岗位定员

1　定员级别

考虑 PCCP 等输水管线工程的特性,结合运行管理实际需求,按工程长度划分定员级别。PCCP 等输水管线工程定员级别按表 10.7 的规定确定。

表 10.7　PCCP 等输水管线工程定员级别划分

定员级别	工程长度(km)
1 级	≥100
2 级	<100,≥50
3 级	<50,≥20
4 级	<20,≥10
5 级	<10

2　岗位定员

管理单位岗位定员总和为管理层和作业层岗位定员之和,其中单位负责、行政管理、技术管理、财务与资产管理、党群监察等类管理层岗位定员数量按照表 10.8 确定,运行、观测、巡查等类作业层岗位定员数量按照表 10.9 确定。

作业层中,考虑调流调压阀站点工程的重要性、机电设备的数量和供水调度操作需求,调流调压阀站点设运行人员 24 h 值班、操作,定员基数设 2 人,按四班三运转方式安排,每年运行人员工作时间约 274 日,仍大于《中华人民共和国劳动法》规定的 243 工作日要求(250 日工作日,115 日法定节假日,并考虑平均 7 日的年休假),而采用五班三运转方式安排又不经济,故在每座调流调压阀站点增加 1 人调休和加班方式统筹解决。

表 10.8　PCCP 等输水管线工程管理层岗位定员　　　　　　　单位:人

岗位类别	岗位名称	定员级别				
		1 级	2 级	3 级	4 级	5 级
		大于或等于 100 km	50(含)~ 100 km	20(含)~ 50 km	10(含)~ 20 km	10 km 以下
单位负责类	单位负责岗位	4~5	3~4	2~3	2~3	2
	技术总负责岗位					
	财务与资产总负责岗位					
行政管理类	行政事务负责与管理岗位	5~8	3~5	2~3	1~2	1
	文秘与档案管理岗位					
	人事劳动教育管理岗位					
	安全生产管理岗位					
技术管理类	工程技术管理负责岗位	16~22	14~16	12~14	10~12	8
	水工建筑物技术管理岗位					
	信息及自动化系统技术管理岗位					
	调度管理岗位					
	机械设备技术管理岗位					
	电气设备技术管理岗位					
	应急抢险管理岗位					
	计划与统计岗位					
	水量、水质观测管理岗位					
	工程安全监测管理岗位					
财务与资产管理类	财务与资产管理负责岗位	5~6	4~5	3~4	2~3	2
	财务与资产管理岗位					
	物资管理岗位					
	会计与水费管理岗位					
	出纳岗位					
	审计岗位					
党群监察类	党群监察负责岗位	6~10	4~6	2~3	2~3	他岗人员兼任
	党群监察岗位					

注: 表中党群监察人员国家有最新要求的应从其规定配置。

　　此外,参考类似工程如南水北调中线干线工程、北京市南水北调配套工程等岗位设置情况,设建筑物现地控制岗位,主要负责事故状态下的现地控制,同时负责防汛物资的管理等工作,考虑工程供水的重要性及环境的复杂性,按 1 人/10 km 配置。

表 10.9　PCCP 等输水管线工程作业层岗位定员　　　　　单位:人

岗位类别	岗位名称	定员级别					备注
		1 级	2 级	3 级	4 级	5 级	
		大于或等于 100 km	50(含)~ 100 km	20(含)~ 50 km	10(含)~ 20 km	10 km 以下	
运行类	运行负责岗位	3~4	2~3	1~2	1	1	一日一班
	电气设备运行岗位	(定员基数+1/4)×调流调压阀站点数量					定员基数 2 人,一日四班
	机械设备运行岗位						
	高压变电系统运行岗位						
	监控系统运行岗位						
	通信设备运行岗位						
	建筑物现地控制岗位	5~10	2~5	1~2			一日一班
观测类	水量计量岗位	4	3	2	运行人员兼任		一日一班;不需水量计量或实现自动化的,不设岗位
	安全监测岗位						
	水质监测岗位						
巡查类	工程巡查岗位	1 组(2 人)/10 km,考虑《中华人民共和国劳动法》要求,按 1.5 倍配			2		一日一班

注:表中数据为每班人员。

工程巡查由于 PCCP 等输水管线长,阀井数量多,工程所处位置人员、环境复杂,遭破坏概率大,且无专用巡查线路,实际巡查线路长,巡查难度大,阀井井下设施检查为有限空间作业,按照安全生产操作程序,应指派作业负责人、监护者(应自始至终在现场)和作业者,因此原河南省南水北调办《河南省南水北调受水区供水配套工程巡视检查管理办法(试行)》(豫调办建〔2016〕2 号)要求:按"每 10 km 配 2 人"的标准配备,不足 10 km 的按 10 km 计;大于或等于 10 km、小于 12 km 的按 10 km 计;大于或等于 12 km、小于或等于 20 km 的按 20 km 计,以此类推。巡查人员配置主要考虑由巡查工程的难度、阀井数量、每日可完成的巡查工作量确定,由于南水北调配套工程为供水工程,要求全年每天巡查,考虑《中华人民共和国劳动法》要求,暂按 1.5 倍配置人员。

10.3　安全保卫

南水北调配套工程是城市供水工程,安全保卫工作关系到工程供水安全,参考类似工程的实际运行经验,可通过向安保公司购买服务方式,在省调度中心、维护中心与物资仓储中心、管理处(所)、泵站,以及连接总干渠分水口门输水管线首端、主管线与支线分水口、预留分水口、泵站输水线路末端等位置配有机电设备、自动化设施的现地管理房等处,设安保固定、巡逻岗,原则上每处 1 岗,四班三运转,每班 1~2 人,24 h 值守;对配备安保人员较多的,设安保管理岗,可按一日一班,每单位设 1~2 名或按 1:(16~20)比例配置安保管理人员。

10.4 后勤保障

10.4.1 工程车辆及司机配置

统筹考虑工程运行维护的需求和类似工程经验,鉴于工程目前无巡线专用道路等实际情况,管理单位在考虑限号的基础上,应保证每日能够运行的工程车辆符合以下标准:工程运维车辆 1 辆/20 km,实际运维线路不足 20 km 的配 1 辆;工程巡查车 1 辆/12 km,实际巡线不足 12 km 的配 1 辆。车辆配置数量按实际巡线长度计算。考虑工程全年 365 日无休供水运行,运行维护和巡查不能停,结合《中华人民共和国劳动法》的规定,每 2 辆工程车统筹配置 3 名专职司机。

10.4.2 食堂人员配置

考虑工程管理点比较分散,借鉴类似工程经验,按照就餐人员 10 人及以上的管理点配备食堂工作人员,配备标准如下:

就餐人员 10(含)~20 人:配 2 名食堂工作人员;

就餐人员 20(含)~50 人:按 1:(10~15)标准配 2~5 名食堂工作人员;

就餐人员 50(含)~100 人:按 1:(15~25)标准配 4~7 名食堂工作人员。

10.4.3 生产用房、管理用房保洁

生产用房保洁及现地管理用房保洁由值班人员负责。

附录 A （资料性附录）运行管理预算用表

××省辖市(省直管县、市)运行管理年度预算统计表见表 A.1。

表 A.1 ××省辖市(省直管县、市)运行管理年度预算统计表

序号	预算名称	预算金额(元)	备注
1	人员预算		
2	办公相关预算		
2.1	物业管理预算		
2.2	其他办公相关预算		
3	车辆运行预算		
4	水质监测预算		
5	燃料动力预算		
1~5 合计			
…	…		

人员花名册(分类统计)及预算表见表 A.2

表 A.2 人员花名册(分类统计)及预算表

序号	单位名称	姓名	性别	身份证号	办公站区	职务/岗位	人员类别	是否含住房公积金	地区差调整系数	人员管理成本预算定额(元/月)	月管理成本合计(元)	年管理成本合计(元)
合计												

说明:购买社会服务、劳务派遣人员单位名称填写所属企业名称。人员类别按事业在编/管理层人员/作业层人员/司机/安保人员分类选填。

预算人数与人员配置标准对比统计表见表 A.3。

泵站工程管理层人员配置控制指标表见表 A.4。

泵站工程作业层人员配置控制指标表见表 A.5。

表 A.3 预算人数与人员配置标准对比统计表

序号	单位名称	人员配置标准控制指标(人)						预算人数(人)						预算人数人数差额(人)						备注
		管理层人员(泵站)	管理层人员(管线)	作业层人员(泵站)(管线)	安保人员	职工食堂人员	司机	管理层人员	作业层人员	安保人员	职工食堂人员	司机		管理层人员	作业层人员	安保人员	职工食堂人员	司机		

表 A.4 泵站工程管理层人员配置控制指标表

序号	泵站名称	口门编号名称	位置	座数	供水目标	机组类型	机组台数（台）	单机容量（kW）	总装机容量（kW）	年运行时间（h）	定员级别	管理层人员数量（人）					
												合计	单位负责	行政管理	技术管理	财务与资产管理	党群监察
合计																	

表 A.5　泵站工程作业层人员配置控制指标表

序号	泵站名称	口门编号名称	座数	供水目标	机组类型	机组台数(台)	单机容量(kW)	总装机容量(kW)	水泵叶轮(进口)直径(mm)	机组规模	年运行时间(h)	定员级别	运行、观测类人员数量(人)												
													合计	主机组及辅助设备运行负责	电气设备运行	高压变电系统运行	水工建筑物作业	闸门、启闭机、拦污清污设备运行	监控系统运行	通信设备运行	水量计量	水工建筑物安全监测	机械、电气安全监测	水质监测	增加调休人员
合计																									

PCCP 等输水管线工程管理层人员配置控制指标表见表 A.6。

表 A.6 PCCP 等输水管线工程管理层人员配置控制指标表

序号	省辖市（直管县、市）	线路长度（km）	定员级别	管理层人员数量（人）					
				合计	单位负责	行政管理	技术管理	财务与资产管理	党群监察
	合计								

PCCP 等输水管线工程作业层人员配置控制指标表见表 A.7。

表 A.7 PCCP 等输水管线工程作业层人员配置控制指标表

序号	省辖市（直管县、市）	线路长度（km）	定员级别	调流阀室数量（个）	作业层人员配置数量（人）					
					合计	运行负责	电气、机械、高压变电、监控、通信运行	建筑物现地控制	水量计量、安全和水质监测	工程巡查
	合计									

安保、食堂人员配置表见表 A.8。

表 A.8　安保、食堂人员配置表

(省辖市、直管县(市),省级管理机构名称)　　　　　　　　　　　　　　　　单位:人

序号	工程名称 (输水线路填口 门编号名称)	站区	就餐 人数	职工食堂人员			安保人员		
				合计	厨师	食堂工 作人员	合计	管理岗	固定、 巡逻岗
	省调度中心、维护 中心与物资仓储 中心(分列)	省调度中心							
	××市管理处	××市管理处							
	××县(区) 管理所	××县(区)管理所							
	×号××口门	××泵站							
	×号××口门	口门首端 现地管理房							
		主管线与支线分水 口现地管理房							
		预留分水口配有机 电设备、自动化设施 的现地管理房							
		输水线路末端 现地管理房							
	…	…							
	合计								

说明:就餐人数依据运管人员花名册统计。表中所列现地管理房站区值守看护应计列配置的安保人员经费,不得重复计列配置值班或值守看护的运行管理人员经费。

工程车辆及司机配置表见表 A.9。

表 A.9　工程车辆及司机配置表

序号	省辖市 (直管县、市)	线路长度 (km)	工程车辆配置控制指标(辆)		司机配置 数量(人)
			工程运维	工程巡查	

物业管理预算表见表 A.10。

表 A.10　物业管理预算表

序号	工程名称	物业管理等级	物业管理预算			会议服务				电梯运行维护			绿化养护服务			总计（元）
			建筑面积（m²)	定额[元/（年·m²)]	合计（元）	会议室使用面积（m²)	会议天数（半天)	定额[元/（半天·m²)]	合计（元）	电梯数量（梯)	定额[元/（月·梯)]	合计（元）	绿地面积（m²)	定额[元/（月·m²)]	合计（元）	

其他办公相关预算表见表 A.11。

表 A.11 其他办公相关预算表

序号	单位名称	管理层人数	作业层人数	水费		电费		办公费		印刷费		差旅费		会议费		办公设备购置费		劳动保护费		总计(元)
				定额[元/(人·年)]	合计(元)	定额[元/(人·年)]	合计(元)	定额[元/(人·年)]	合计(元)	定额[元/(人·年)]	合计(元)	定额[元/(人·年)]	合计(元)	定额[元/(人·年)]	合计(元)	定额[元/(人·年)]	合计(元)	定额[元/(人·年)]	合计(元)	

车辆运行预算表见表 A.12。

表 A.12 车辆运行预算表

序号	单位名称	线路长度(km)	车辆数量(辆)	租赁车辆						自有车辆		总计(元)
				租赁费		汽油费		杂费		定额[万元/(辆·年)]	合计(元)	
				定额[元/(辆·日)]	合计(元)	定额(元/100 km)	合计(元)	定额[元/(辆·月)]	合计(元)			

说明:自有、租赁车辆另附表统计车辆类型、车牌号码、所有人、购置资金来源、使用年限和累计行驶里程;租赁车辆还应统计向省级管理机构备案的租赁合同编号。

水质监测预算表见表 A.13。

表 A.13 水质监测预算表

序号	单位名称	取样位置	取样次数(次)	取样数量(处)	定额标准(元/次)	合计(元)
		××号××口门进水池				
		××泵站前池				
		××调蓄水库(池)取水口				

燃料动力预算表见表 A.14。

表 A.14　燃料动力预算表

序号	省辖市（直管县、市）	年计划供水量（万 m³）	定额标准（元/万 m³）	费用（元）

河南省南水北调配套工程技术标准

河南省南水北调配套工程运行管理预算定额（试行）

条 文 说 明

目　录

1 范 围

财政供给人员的各项支出由财政部门按照定额标准核定,本标准不适用于配套工程各级管理机构财政供给人员。

泵站、自动化、安全监测等专业性较强项目的运行管理,可采取购买社会服务模式,费用预算参照本标准计算。

4 总 则

4.0.1 本标准编制按照社会平均水平原则,采用类似行业社会平均工资水平、平均物价水平进行编制;按照简明适用的原则,尽量地简化编制程序,减少编制子目(项目),便于运用;坚持统一性和因地制宜的原则,全省采用一个尺度有利于通过定额管理实现运行管理费用的宏观调控,但也考虑各地市经济发展水平的差异。

本标准编制的方法主要有:①统计分析法,通过典型调查、调研和社会查询收集资料,然后进行统计分析,确定定额标准;②类推比较法,在典型调研的基础上,对同类定额进行分析比较制定新定额;③比较分析法,通过与类似行业单位的标准比较,确定定额标准。

5 人员预算定额

参照《北京市南水北调配套工程维修养护与运行管理预算定额》(2015 年 9 月),本标准对管线、泵站运行管理人员预算定额有所区别。

经调查,目前河南省南水北调配套工程运行管理人员除原建设阶段参与管理的公职人员外,大部分人员是通过招聘,经培训参与工程运行管理,招聘的形式主要有购买社会服务、社会个人招聘、劳务派遣三种。泵站运行采用了购买社会服务,线路管理、安保、物业管理采用了劳务派遣,其他采用社会个人招聘形式。因此,人员预算定额分为上述三种模式进行编制。

人员预算定额指企业或管理单位的人工成本,即人员工资总额加上企业或管理单位对人员的管理费用。有关文件规定,企业人工成本包括职工工资、社会保险费、职工福利费、职工教育费和其他人工成本费用等。工资总额,是指企业的"职工薪酬",不包括企业的职工福利费、职工教育经费、工会经费及养老保险、医疗保险、失业保险、工伤保险、生育保险等社会保险和住房公积金。

5.1 购买社会服务人员预算定额

管理层人员工资按照《2019 年河南省规模以上企业分行业分岗位就业人员年平均工资》(河南省统计局 2020 年 6 月)中"水利、环境和公共设施管理业"中层及以上管理人员岗位、专业技术人员、办事人员和有关人员的平均工资(见表 1),结合本标准中相应岗位人员比例计算(见表 2);作业层人员工资按照《2019 年河南省规模以上企业分行业分岗位就业人员年平均工资》(河南省统计局 2020 年 6 月)"办事人员和有关人员"部分(41 414 元/年,折算 3 451 元/月),见表 1。

其他人员中司机和食堂厨师工资参照《2019 年河南省规模以上企业分行业分岗位就业人员年平均工资》(河南省统计局 2020 年 6 月)中"水利、环境和公共设施管理业"生产制造及有关人员岗位工资(40 178 元/年,折算 3 348 元/月);安保人员和食堂工作人员工资按该行业中社会生产服务和生活服务人员岗位平均工资(24 740 元/年,折算 2 062 元/月),见表 1。

1 职工工资包含五险一金中个人应交部分,用人单位应缴纳社会保险、住房公积金(五险一金)计取比例如下:

(1)养老保险。

根据《河南省人民政府关于印发河南省城镇企业职工基本养老保险省级统筹实施意见的通知》(豫政〔2007〕63 号)规定,从 2007 年 10 月 1 日起,参保单位统一按 20% 的比例缴纳基本养老保险费。

表 1   2019 年河南省规模以上企业分行业分岗位就业人员年平均工资   单位:元/年

行业	规模以上企业就业人员	中层及以上管理人员	专业技术人员	办事人员和有关人员	社会生产服务和生活服务人员	生产制造及有关人员
总计	55 402	99 856	67 865	50 634	44 968	50 410
水利、环境和公共设施管理业	35 143	83 945	65 675	41 414	24 740	40 178
水利、环境和公共设施管理业(元/月)	2 929	6 995	5 473	3 451	2 062	3 348
采矿业	68 719	121 517	87 813	46 612	48 544	64 811
制造业	52 179	97 617	69 002	52 432	49 150	47 723
电力、热力、燃气及水生产和供应业	90 680	133 554	95 950	80 258	79 634	89 053
建筑业	54 145	94 011	60 989	44 745	44 691	50 074
批发和零售业	51 967	88 833	56 806	51 002	42 938	42 501
交通运输、仓储和邮政业	59 561	95 415	68 803	57 297	56 372	54 742
住宿和餐饮业	40 657	69 186	46 445	36 996	35 711	39 808
信息传输、软件和信息技术服务业	80 411	156 274	92 179	77 171	64 303	69 035
房地产业	60 055	106 813	67 582	51 457	41 191	53 746
租赁和商务服务业	48 476	108 424	67 517	48 657	39 026	45 460
科学研究和技术服务业	82 601	139 651	89 992	53 592	48 059	65 417
居民服务、修理和其他服务业	38 597	74 564	50 827	43 873	33 166	39 309
教育	48 990	79 002	51 250	42 225	38 629	44 886
卫生和社会工作	65 885	103 418	65 779	49 456	48 702	43 414
文化、体育和娱乐业	70 488	107 084	151 473	51 400	41 409	38 817

表 2   管理层人员月工资(全省平均)计算表

人员	泵站				管线				泵站、管线加权平均工资(元)
	人数	占比(%)	对应统计局发布工资(元)	占比工资(元)	人数	占比(%)	对应统计局发布工资(元)	占比工资(元)	
单位负责	19	7.72	6 995	540	46	10.57	6 995	740	
行政管理	20	8.13	3 451	281	56	12.87	3 451	444	
技术管理	165	67.07	5 473	3 671	204	46.90	5 473	2 567	
财务与资产管理	41	16.67	3 451	575	59	13.56	3 451	468	
党群监察	1	0.41	3 451	14	70	16.09	3 451	555	
合计	246			5 081	435			4 774	4 885

《人力资源社会保障部 财政部 税务总局 国家医保局关于贯彻落实〈降低社会保险费率综合方案〉的通知》(人社部发〔2019〕35 号)中各地企业职工基本养老保险单位缴费比例高于 16%的,可降至 16%;低于 16%的,要研究提出过渡办法。省内单位缴费比例不统一的,高于 16%的地市可降至 16%;低于 16%的,要研究提出过渡办法。目前暂不调整单位缴费比例的地区,要按照公平统一的原则,研究提出过渡方案。各地机关事业单位基本养老保险单位缴费比例可降至 16%。本标准取 16%。

(2)工伤保险。

根据《工伤保险条例》(国务院令第 586 号)第八条规定,工伤保险费根据以支定收、收支平衡的原则,确定费率。第十条规定,用人单位应当按时缴纳工伤保险费。职工个人不缴纳工伤保险费。工伤保险费率在 0~1%。本标准取 0.7%。

(3)医疗保险。

医疗保险包括基本医疗保险、补充医疗保险。

基本医疗保险:根据《河南省建立城镇职工基本医疗保险制度的实施意见》(豫政〔1999〕38 号)规定,基本医疗保险费由用人单位和职工共同缴纳。用人单位缴费为职工工资总额的 6%。

补充医疗保险:根据《财政部 国家税务总局关于补充养老保险费 补充医疗保险费有关企业所得税政策问题的通知》(财税〔2009〕27 号)规定,为在本企业任职或者受雇的全体员工支付的补充医疗保险费,在不超过职工工资总额 5%标准内的部分,在计算应纳税所得额时准予扣除。

本标准综合取 8%。

(4)生育保险。

根据《河南省职工生育保险办法》(河南省人民政府令第 115 号)第六条规定,用人单位缴纳生育保险费,以本单位上年度职工月平均工资总额(有雇工的个体工商户以所在统筹地区上年度在岗职工月平均工资)作为缴费基数。缴费比例不得超过职工月平均工资总额的 1%。具体比例由各统筹地区人民政府确定。本标准取 1%。

(5)失业保险。

根据《河南省失业保险条例》第七条规定,用人单位按照本单位应参保职工上年度月均工资总额的 2%缴纳失业保险费。目前各市执行标准为 0.7%,本标准取 0.7%。

(6)住房公积金。

根据《财政部 国家税务总局关于基本养老保险费 基本医疗保险费 失业保险费 住房公积金有关个人所得税政策的通知》(财税〔2006〕10 号)第二条规定,单位和个人分别在不超过职工本人上一年度月平均工资 12%的幅度内。

《住房和城乡建设部 财政部 中国人民银行〈关于改进住房公积金缴存机制进一步降低企业成本〉的通知》(建金〔2018〕45 号)规定:住房公积金缴存比例下限为 5%,上限由各地区按《住房公积金管理条例》规定的程序确定,最高不得超过 12%。缴存单位可在5%至当地规定的上限区间内,自主确定住房公积金缴存比例。本标准取 12%。

《住房公积金管理条例》(国务院令第 262 号)规定,用人单位必须缴纳住房公积金,经调查,目前还在过渡阶段,考虑河南省南水北调配套工程运行管理人员大部分没缴纳公积金,因此本标准按缴纳和未缴纳两种情况分别进行了人员预算定额指标编制。

2　用人单位应计提的职工教育经费、工会经费、职工福利费,以及劳务公司管理费、利润和税金比例如下:

(1)职工教育经费。

《关于印发〈关于企业职工教育经费提取与使用管理的意见〉的通知》(财建〔2006〕317号)中规定,企业职工教育培训经费列支范围包括:上岗和转岗培训;各类岗位适应性培训;岗位培训、职业技术等级培训、高技能人才培训;专业技术人员继续教育;特种作业人员培训;企业组织的职工外送培训的经费支出;职工参加的职业技能鉴定、职业资格认证等经费支出;购置教学设备与设施;职工岗位自学成才奖励费用;职工教育培训管理费用等费用。

《关于企业职工教育经费税前扣除政策的通知》(财税〔2018〕51号)规定,企业发生的职工教育经费支出,不超过工资薪金总额的8%。

《国务院关于大力推进职业教育改革与发展的决定》(国发〔2002〕16号)中关于"一般企业按照职工工资总额的1.5%足额提取教育培训经费,从业人员技术要求高、培训任务重、经济效益较好的企业,可按2.5%提取,列入成本开支"。本标准取工资总额的2.5%。

(2)工会经费。

《中华全国总工会办公厅关于加强基层工会经费收支管理的通知》(总工办发〔2014〕23号)中规定,工会经费列支范围包括:工会为会员及其他职工开展教育、文体、宣传等活动产生的支出;工会直接用于维护职工权益的支出,包括工会协调劳动关系和调解劳动争议、开展职工劳动保护、向职工群众提供法律咨询、法律服务、对困难职工帮扶、向职工送温暖等发生的支出及参与立法和本单位民主管理、集体合同等其他维权支出;工会培训工会干部;工会从事建设工程、设备工具购置、大型修缮和信息网络购建而发生的支出;对工会管理的为职工服务的文化、体育、教育、生活服务等独立核算的事业单位的补助和非独立核算的事业单位的各项支出;由工会组织的职工集体福利等方面的支出等。

《中华人民共和国工会法》第四十二条第二款规定:建立工会组织的企业、事业单位、机关按每月全部职工工资总额的2%向工会拨缴经费。本标准计提2%。

(3)职工福利费。

《关于企业加强职工福利费财务管理的通知》(财企〔2009〕242号)中规定,职工福利费列支范围包括:为职工卫生保健、生活等发放或支付的各项现金补贴和非货币性福利,包括职工因公外地就医费用、暂未实行医疗统筹企业职工医疗费用、职工供养直系亲属医疗补贴、职工疗养费用、自办职工食堂经费补贴或未办职工食堂统一供应午餐支出、符合国家有关财务规定的供暖费补贴、防暑降温费等;企业尚未分离的内设集体福利部门所发生的设备、设施和人员费用,包括职工食堂、职工浴室、理发室、医务所、托儿所、疗养院、集体宿舍等集体福利部门设备、设施的折旧、维修保养费用以及集体福利部门工作人员的工资薪金、社会保险费、住房公积金、劳务费等人工费用;职工困难补助,或者企业统筹建立和管理的专门用于帮助、救济困难职工的基金支出;按规定发生的其他职工福利费,包括丧葬补助费、抚恤费、职工异地安家费、独生子女费、探亲假路费等。

同时规定,职工福利费支出有明确规定的,企业应当严格执行。国家没有明确规定的,企业应当参照当地物价水平、职工收入情况、企业财务状况等要求,按照职工福利项目制订合理标准。

根据《企业所得税实施条例》第四十条规定,企业发生的职工福利费支出,不超过工资薪金总额14%的部分,准予扣除。因此,本标准取14%。

(4)企业管理费、利润和税金。

管理费:包括企业管理人员工资、福利费、差旅费、办公费、折旧费、修理费、物料消耗、低值易耗品摊销和其他经费等,计取比例因企业而异。经调查,劳务派遣管理费标准为1%~3%,本标准取2%。

利润:计取比例因企业而异,考虑到职工福利费已计提,利润适当降低,本标准取1%。

税金:包括增值税、城乡维护建设税及教育费附加三项,增值税6%,城乡维护建设税0.7%,教育费附加0.5%,共7.2%。

以上综合取费见表3。

表3　人员成本其他费用计取比例

项目	养老保险	工伤保险	医疗保险	生育保险	失业保险	住房公积金	职工教育经费	工会经费	职工福利费	企业管理费	利润	税金
计取比例	16%	0.7%	8%	1%	0.7%	12%	2.5%	2%	14%	2%	1%	7.2%
备注		可调		可调	可调	可调	可调		可调	可调	可调	

3　社会招聘人员预算定额

社会招聘人员由市县(区)运行管理单位对人员进行管理,预算定额按照本标准表5.1、表5.2执行,但不考虑其他费用,成本费用不包括管理费、利润、税金。

4　劳务派遣人员预算定额

经调查,劳务派遣是各地市目前普遍采用的招工用工模式,由市县(区)运行管理单位对劳务派遣人员进行管理和工资发放,预算定额按照本标准表5.1、表5.2执行,劳务派遣收取一定比例的管理费,大约占工资2%,利润、税金不再计取。

从长远考虑,劳务派遣不应作为河南省南水北调配套工程运行管理的主要招工用工模式。

5.2　地区差别调整系数

考虑到河南省各地的工资差别,本标准编制了地区差别调整系数。

对河南省统计局发布的2016年、2017年、2018年统计年鉴中各市分行业城镇单位就业人员平均工资中各市水利、环境和公共设施管理行业平均工资统计分析对比见表4,南阳、郑州相对较高。

表 4　各市按行业分城镇单位就业人员平均工资　　　　　　单位:元

序号	城市	2016 年	2016 年各市平均工资占全省平均工资比值	2017 年	2017 年各市平均工资占全省平均工资比值	2018 年	2018 年各市平均工资占全省平均工资比值	三年占比平均(地区差系数)
1	郑州	46 282	1.10	49 314	1.06	47 523	1.00	1.05
2	平顶山	35 570	0.85	41 005	0.88	51 602	1.08	0.94
3	安阳	40 884	0.98	43 293	0.93	52 636	1.11	1.01
4	鹤壁	31 911	0.76	34 462	0.74	40 530	0.85	0.78
5	新乡	38 738	0.92	47 386	1.01	54 407	1.14	1.03
6	焦作	41 449	0.99	60 243	1.29	49 256	1.03	1.10
7	濮阳	35 683	0.85	40 673	0.87	35 453	0.74	0.82
8	许昌	39 621	0.95	42 268	0.91	47 120	0.99	0.95
9	漯河	41 224	0.98	48 396	1.04	45 717	0.96	0.99
10	南阳	56 641	1.35	58 999	1.26	53 696	1.13	1.25
11	周口	39 676	0.95	43 863	0.94	46 849	0.98	0.96
12	11 市平均	40 698		46 355		47 708		
13	全省平均	41 903		46 699		47 609		

对各市人力资源和社会保障局发布的 2018 年度分职位人力资源市场工资指导价进行统计见表 5,郑州市部分行业和岗位工资相比其他市最高。

表 5　河南省 2018 年度分职位人力资源市场工资指导价统计　　　　　　单位:元

序号	城市	各市人力资源和社会保障局发布分岗位从业人员工资报酬信息中位数统计数据					
		高级职称	中级职称	技师	高级技能	中级技能	没有取得资格证书
1	郑州	92 839	78 248		72 139	68 596	42 000
2	平顶山		41 663	49 515	41 994	42 694	35 496
3	安阳	81 294	66 503	71 637	68 239	61 200	36 000
4	鹤壁						
5	新乡	112 957	63 814		55 000	49 924	34 464
6	焦作						
7	濮阳	79 451	70 328	58 974	38 520	37 229	29 894
8	许昌	131 310	83 731	63 417	58 186	51 454	41 884
9	漯河	48 426	43 996	50 944	52 688	54 757	34 766
10	南阳						
11	周口						
12	平均				55 252	52 265	36 358

《河南省人民政府关于调整河南省最低工资标准的通知》(豫政〔2018〕26 号)中明确一类行政区域(郑州、平顶山、安阳、鹤壁、新乡、焦作、许昌、漯河)工资 1 900 元/月,二类行政区域(濮阳、南阳、周口)工资 1 700 元/月,最低工资标准各市差别不大,郑州为一类行政区域。

　　综合以上,考虑到本标准中的工作岗位性质和工作内容各市相同,确定了郑州市调整系数为1.1,其他各市(直管县)调整系数均为1。

6　办公相关预算定额

6.1　物业管理预算定额

物业服务内容参照河南省财政厅、河南省机关事务管理局印发的《河南省省直机关办公用房物业费管理办法(暂行)》(豫财行〔2015〕214 号),主要包括办公楼院综合管理、房屋日常养护维修、供电设施设备运行管理维护、给水排水设施设备运行管理维护、中央空调系统运行管理维护、消防系统运行管理维护、安防报警监控系统运行管理维护、弱电智能系统运行管理维护、秩序维护与安全管理服务、环境卫生保洁服务、会议服务、电梯运行维护、绿化养护服务等。分级标准参照河南省财政厅、河南省机关事务管理局印发的《河南省省直机关办公用房物业费管理办法(暂行)》(豫财行〔2015〕214 号):三级标准条件为非集中管理办公楼,总建筑面积 1 万 m² (含)至 3 万 m²;四级标准条件为非集中管理办公楼,总建筑面积 1 万 m² 以下。

物业收费标准为最高限额标准,原则上不得突破。会议服务、电梯运行维护、绿化养护服务项目标准,见表 6。

表 6　会议服务、电梯运行维护、绿化养护服务预算定额

费用项目	级别	定额	备注
会议服务	一级	0.45 元/(半天·m²)	按会议室使用面积计
	二级	0.30 元/(半天·m²)	
电梯运行维护	A(大)包	1 500~1 900 元/(月·梯)	按台梯,乙方负责免费供应所有零配件
	B(中)包	1 100~1 300 元/(月·梯)	按台梯,乙方负责免费供应 1 000 元(含)以下零配件
	C(小)包	700~900 元/(月·梯)	按台梯,乙方负责免费供应 50 元(含)以下零配件
绿化养护服务	一级	2.35 元/(月·m²)	按绿地面积计,不含绿植摆租
	二级	2.15 元/(月·m²)	

所有运行管理维护项目均包含一级 700 元(含)以下,二级 500 元(含)以下所需维修零配件,超出标准以上维修零配件按专项费用另行计算。

物业费标准不包含水、电、暖等能耗费用。

6.2 其他办公相关预算定额

编制办公相关预算定额,调查了典型地市南水北调运行管理机构及类似行业单位,参照了《省级 2017～2019 年财政规划编制手册》(河南省财政厅 2016 年 5 月)、《河南省财政厅关于印发〈河南省省直机关差旅费管理办法〉的通知》(豫财行〔2016〕109 号)、《河南省人民政府办公厅关于印发河南省省级会议费管理办法的通知》(豫政办〔2016〕169 号)、《郑州市市级部门预算管理暂行办法》(2003 年)及郑州市和其他省市的相关规定和标准编制。

1 水费

参照《省级 2017～2019 年财政规划编制手册》(河南省财政厅 2016 年 5 月),办公用水经费 170 元/(人·年)。

2 电费

参照《省级 2017～2019 年财政规划编制手册》(河南省财政厅 2016 年 5 月),年人均办公用电经费 1 100 元,并考虑采暖、降温用电,经对比确定采用《北京市南水北调配套工程维修养护与运行管理预算定额》(2015 年 9 月)电费 1 368 元/(人·年)的标准计算。

3 办公费

《省级 2017～2019 年财政规划编制手册》(河南省财政厅 2016 年 5 月)规定,每人每年报刊杂志费 194 元(按每 5 人每年分别订阅 1 份人民日报、1 份河南日报、2 份专业报刊和 1 份其他报刊测算),结合实际,本标准减半按 97 元计算;业务书籍费 180 元(按每人每年订阅 3 本业务用书、2 本政策性书籍测算);办公用品费 474 元(按每人每年消耗的笔、笔记本、稿纸、公文夹、复印纸、小型办公用品、计算器、业务软件、U 盘测算);办公家具更新费 400 元(根据《河南省省级行政事业单位通用资产配置标准》(豫财资〔2011〕6 号),处级以下配置标准 4 000 元/人,包括办公桌椅、桌前椅、沙发茶几、衣柜、饮水机、文件柜。按照"办公家具更新标准为使用年限不低于 10 年"的规定,办公家具按 10 年折旧,以年折旧率 10%确定更新费);合计 1 151 元/(人·年)。

4 印刷费

参照《北京市南水北调配套工程维修养护与运行管理预算定额》(2015 年 9 月)印刷费标准 300 元/(人·年),低于《省级 2017～2019 年财政规划编制手册》(河南省财政厅 2016 年 5 月)350 元/(人·年)(按编内实有在职人员每 8 人印刷一套专业书籍、一套培训资料;每人每年印刷 50 份文件和 35 份汇报材料测算)规定。本标准取 300 元/(人·年)。

5 差旅费

《省级 2017～2019 年财政规划编制手册》(河南省财政厅 2016 年 5 月)规定,日常差旅费基准定额为 8 060 元/(人·年),各单位核定经费按基准定额乘以系数调整。驻郑参公事业单位差旅费调整系数为 0.83,考虑本运行标准既有管理层人员还有作业层人员,对比《北京市南水北调配套工程维修养护与运行管理预算定额》(2015)的差旅费标准,确定差旅费标准为 1 000 元/(人·年)。

6　办公设备购置费

《省级 2017～2019 年财政规划编制手册》(河南省财政厅 2016 年 5 月)规定,办公设备购置费 1 552 元/(人·年)(根据《河南省省级行政事业单位通用资产配置标准》(豫财资〔2011〕6 号)规定:①台式电脑不超过 6 000 元/台,人均 1 台;②电话机不超过 200 元/部,人均 1 部;③按编内实有人数 2/3 控制打印机总量,A4 黑白激光打印机不超过 2 000 元/台,每 2 人 1 台;④传真机不超过 2 000 元/台,每 8 人 1 台;⑤黑白激光复印机不超过 18 000 元/台,每 8 人 1 台。按照"办公设备更新标准为使用年限不低于 6 年"的规定,以年折旧率 16%,确定年度办公设备购置费)。本标准取 1 552 元/(人·年)。

鉴于办公设备存在集中购置和集中报废现象,各地市根据人员数量情况和设备使用年限,按照以上标准进行预算申报。

根据作业层人员的工作性质,不考虑办公设备购置费,该项费用仅限管理层人员。

7　会议费

参照《河南省人民政府办公厅关于印发河南省省级会议费管理办法的通知》(豫政办〔2016〕169 号)规定的四类会议标准,会议一次不超过一天,每人每天 400 元(其中伙食费 100 元、住宿费 280 元、公杂费 20 元)。本标准按每人每年参加 2 次,则按每人每年会议费 800 元编制会议费标准,可根据实际调整。

会议费不包括业务会议的费用,仅指管理类会议的费用。

8　劳动保护费

劳动保护费是指确因工作需要用人单位提供的必需物品,如工作服、手套、安全保护用品、防暑降温用品等所发生的支出。

劳动保护费由应配备的防护用品、防护用品使用年限、防护用品价格组成。

应配备的防护用品:参照《劳动保护用品配备标准(试行)》(国经贸安全〔2000〕189 号),按照劳动环境和劳动条件相近的原则,依据附录 B 相近工种对照表,巡线作业人员参照河道修防工、泵站作业人员按照泵站运行工、现地管理房作业人员参照热力运行工种的电气值班员进行防护用品的配备,由于巡线作业人员需要下阀井检查,增加了安全帽、安全带、反光背心等防护用品;参照附录 A 防护性能字母对照表确定每个工种应配备的防护用品。

防护用品使用年限:经查询,有规定的按照劳保用品规定的使用年限,无规定的参照日常损耗进行计算。

防护用品价格:查询京东官网劳动保护用品平均价格。

各种作业人员劳动保护费标准见表 7、表 8、表 9。

表7 现地管理房作业人员劳动保护费标准

序号	劳动保护明细	劳动保护费 ［元/(年·人)］	使用年限	备注
1	工作服	450	外套2年， 短袖、长裤1年	外套300元/件，短袖、 长裤各150元/件
2	工作帽	60	每年2顶	春秋各1顶，每顶30元
3	工作鞋	400	每年2双	200元/双
4	安全帽	20	2年	40元/顶
合计		930		

表8 泵站作业人员劳动保护费标准

序号	劳动保护明细	劳动保护费 ［元/(年·人)］	使用年限	备注
1	工作服	450	外套2年， 短袖、长裤1年	外套300元/件，短袖、 长裤各150元/件
2	工作帽	60	每年2顶	春秋各1顶，每顶30元
3	工作鞋	400	每年2双	200元/双
4	劳动防护手套 （防水）	80	每年10双	8元/双
5	雨衣	20	5年	100元/件
6	胶鞋	40	1.5年	60元/双
7	安全帽	20	2年	40元/顶
合计		1 070		

表9 巡线作业人员劳动保护费标准

序号	劳动保护明细	劳动保护费 ［元/(年·人)］	使用年限	备注
1	工作服	450	外套2年， 短袖、长裤1年	外套300元/件，短袖、 长裤各150元/件
2	工作帽	60	每年2顶	春秋各1顶，每顶30元
3	工作鞋	400	每年2双	200元/双
4	劳动防护手套 （防水）	160	每年20双	8元/双
5	防寒服	250	2年	500元/件
6	雨衣	20	5年	100元/件
7	胶鞋(防砸)	50	1.5年	75元/双
8	安全帽	20	2年	40元/顶
9	安全带	20	3~5年	60元/条
10	反光背心	60	0.5年	30元/件，每年2件
合计		1 490		

　　按照工种的劳动环境和劳动条件,以及配备具有相应安全、卫生性能的劳动防护用品的原则,管理层人员不再配备劳保用品。本标准取三种人员劳保费用平均值为 1 163 元/(人·年)。

7 车辆运行预算定额

经调查,目前河南省南水北调配套工程运行管理使用车辆大部分为建设期使用的车辆,为自有车辆,初设批复的交通工具购置因公车改革无法实施,运行维护用车不足部分需要租赁补充。因此,本标准分别对自有车辆、租赁车辆运行预算定额进行了编制。

7.1 自有车辆

自有车辆运行费用包括维修费、保险费、年检费、汽油费、杂费(过路费、停车费),参照《省级2017~2019年财政规划编制手册》(河南省财政厅2016年5月)规定,一般公务用车(含执法执勤用车)年车运行维护费按4.5万元的标准执行。

7.2 租赁车辆

1 车辆租赁应符合河南省南水北调中线工程建设管理局相关规定要求。

2 工程巡查、运维车以租赁越野车为主,并根据工作实际需求进行合理配置,可租赁厢式运输车、皮卡或面包车(20座左右)。鉴于无市场指导价,经调查,车辆(使用年限5年以内,15万元左右的车辆)每天租赁费如下:

皮卡:150元/(辆·日);

越野车和厢式运输车:180元/(辆·日);

防汛用车(20座左右的面包车):200元/(辆·日)。

按月租赁在每天租赁金额的基础上乘0.8系数,按年租赁在每天租赁金额的基础上乘0.7系数。

3 耗油按10~15 L/100 km计,油价按6.0元/L计,汽油费60~90元/100 km,随当年价格调整。

4 杂费平均按200元/(辆·月)计,包括过路费、停车费等。

8 水质监测预算定额

1 监测项目

参照河南省南水北调配套工程初步设计报告,主要监测项目有水温、pH 值、溶解氧(DO)、氨氮、高锰酸盐指数、生化需氧量、磷、汞、氰化物、挥发酚、砷、铬(六价)、镉、铅、铜、石油类共 16 项。南水北调中线干线工程运行固定点水质监测项目有水温、pH 值、溶解氧(DO)、氨氮、高锰酸盐指数、化学需氧量、生化需氧量(五日)、总磷、铜、氰化物、总氮、锌、硒 13 项。为与干线工程保持一致,水质监测项目按照干线工程运行管理要求执行。

2 化验费用

参照水利部《水质监测业务经费定额标准(试行)》(2014),定额中未含水质监测人员相关费用,适用于自建化验室的费用标准,鉴于河南省南水北调查配套工程各级管理单位尚未配备化验室,需采用取样送检的方式进行水质化验。经调查河南省有资质的水质化验单位,编制了检测项目单次化验的费用标准。

3 取样送样费用

取样送样费用已包含在本标准人员费用和车辆费用内,不再计列。

4 编制水质监测预算还应考虑监测频次和监测点数

监测频次参照南水北调干线工程运行管理规定,每月取样一次;根据工程实际情况,在分水口门进水池、泵站前池或调蓄水库(池)取水口取样。

9 燃料动力预算定额

1 燃料动力预算定额是根据 2017~2019 年度各地市(直管县、市)实际生产耗电费用、供水量的分年度统计结果,按供水量加权计算出万立方米水综合耗电费用。

2 鉴于省级调度中心、各地管理处(所)自动化调度生产用电与泵站、现地管理房少量办公管理耗电无法分开单独统计,泵站、输水线路作业层人员非生产用的燃料和动力消耗费用包含在燃料动力预算定额内,因此预算编制时应扣除相应管理费用。

3 配套工程生产用电与工程实际运行工况密切相关,工程运行时长、供水量发生变化,综合耗电指标也将发生变化。因此,燃料动力预算定额要根据实际运行年度耗电量、供水量统计资料,定期进行调整。

4 结合下达的年度供水计划,编制燃料动力预算费用。

10　人员配置标准

通过对河南省南水北调受水区供水配套工程管理体制规划、初步设计批复工程运行期管理机构及人员配置情况和投入运行以来人员预算标准和实际配备情况的分析,调研借鉴类似工程如南水北调中线干线工程、北京市南水北调配套工程等运行管理人员岗位定员方案,结合工程供水运行实际,分泵站、PCCP 等输水管线两类工程设岗,并形成分级定员标准。

10.4　后勤保障

10.4.1　工程车辆及司机配置

本标准工程车辆及司机配置适用于省辖市(直管县、市)南水北调配套工程,按所管理工程线路长度计算,四舍五入取整作为控制指标。根据工程管理实际需要编制预算,自有车辆加租赁车辆数量不得超过控制指标。

根据初步设计批复成果,河南省南水北调配套工程配置交通工具197辆(轿车40辆、越野车65辆、面包车12辆、皮卡工具车63辆、载重车17辆),总概算为4 456万元,其中河南省南水北调管理局及调度运行中心配置越野车3辆、面包车3辆、皮卡车3辆等9辆工具车;工程维护中心和仓储中心共配置各类工具车19辆(越野车5辆、面包车2辆、皮卡工具车6辆、载重车6辆)。此外,黄河南、北工程维护中心配备流动水质监测车各1辆,共2辆,概算200万元。

根据中央、河南省有关文件精神,南水北调配套工程管理单位用车主要采取租赁的方式解决,不再购买新的车辆。考虑配套工程运行管理强监管的实际需求,省级南水北调配套工程管理机构工程车辆配置以初步设计批复的车辆数量作为控制指标,据实编制预算,不得突破。

10.4.2　食堂人员配置

对于地处偏僻、周边生活设施不够完善、生活条件较差、难以满足职工正常就餐需求的南水北调配套工程管理单位,需要建设职工食堂保障职工的基本生活需求。职工食堂原则上应设在省级各中心、管理处(所),方便辖区内运行管理人员集中就餐,现地值班、安保人员和现场应急抢险作业人员安排就近配餐,据此核算省辖市(直管县、市)南水北调配套工程食堂人员配置数量。

根据中央、河南省有关文件精神,参考类似工程的实际运行经验,后勤保障和安全保卫人员可通过购买社会服务配置。